Emil Korner

Über die Behandlung brandiger Brüche

Emil Korner

Über die Behandlung brandiger Brüche

ISBN/EAN: 9783743451919

Hergestellt in Europa, USA, Kanada, Australien, Japan

Cover: Foto ©berggeist007 / pixelio.de

Manufactured and distributed by brebook publishing software
(www.brebook.com)

Emil Korner

Über die Behandlung brandiger Brüche

Ueber die Behandlung brandiger Brüche.

Inaugural-Dissertation

der

medizinischen Fakultät

der

Universität Jena

zur

Erlangung der Doktorwürde

in der

Medizin, Chirurgie und Geburtshilfe

vorgelegt von

Emil Körner.

prakt Arzt in Pössneck.

JENA.

Druck von Ant. Kämpfe

1894.

Genehmigt von der medizinischen Fakultät der Universität Jena auf Antrag des Herrn Professor Dr. Riedel.

Jena, den 15. Juni 1894.

Prof. Dr. **O. Binswanger,**
d. Z. Dekan der med. Fakultät.

Vor nicht gar langer Zeit, noch vor Ende der 60. Jahre, galten Operationen am Darm wegen der damit verbundenen Gefahr der Peritonitis für gewagt und tollkühn. Erst die Errungenschaften der Anti- und Asepsis konnten diese Bedenken schwinden und Eingriffe in den Bauchfellraum mit wahrscheinlicher und sehr oft sicherer Aussicht auf ein günstiges Resultat geschehen lassen. Begreiflicherweise konnte in dieser verhältnismässig kurzen Spanne Zeit eine exakte Klarstellung der Indikationen, Contraindikationen, Operationsmethoden und der Nachbehandlung noch nicht erfolgen und, wie in vielen anderen Kapiteln der Darmchirurgie, so ist man sich heute auch über die Behandlung der gangränösen Hernien noch nicht einig. Dieser Frage näher zu treten, wurde ich veranlasst durch folgenden Fall aus meiner Praxis, dessen Behandlung ich gleichzeitig mit einem Kollegen am 13. April 1891 übernahm.

Patient, 35 Jahre alt, kräftiger Landwirt, hatte angeblich seit 6 Tagen hochgradige Schmerzen an einem schon länger bestehenden rechtsseitigen Leistenbruch gehabt und war von dem bisherigen Arzt zunächst mit Repositionsversuchen und nach dem Misslingen derselben mit Opodeldoc und grauer Salbe behandelt worden. Status praesens: Patient liegt laut stöhnend mit angezogenen Knien auf dem Rücken. Leib aufgetrieben, sehr druckempfindlich. Die ganze Gegend des rechten Leistenkanals und die rechte Hälfte des Scrotum grünblau verfärbt, ödematös. Kleiner, sehr frequenter Puls. Temperatur: 40,6. Ileus. Fortwährendes stinkendes Aufstossen. Wegen der allem Anschein nach bereits eingetretenen Peritonitis schritten wir mit sehr schwachen Hoffnungen, jedoch trotzdem mit der grössten Sorgfalt in Anwendung aseptischer Cautelen, zur Operation. Narkose. Nachdem der Darm und Netz enthaltende Bruchsack eröffnet war, zeigten sich in der ca. 15—20 cm langen, stellenweise total gangränösen Darmschlinge zwei ca. 20pfennigstückgrosse Perforationen, aus denen eine bräunliche fäculente Flüssigkeit sich ergoss. Der Darm wurde, damit seine Entleerung leichter vor sich gehen könne, in einer Länge von 4—5 cm gespalten, der Bruchsack samt dem mit ihm fest verwachsenen Netz exstirpirt, die Bruchpforte erweitert, und die Darmschlinge soweit hervorgezogen, dass dem Vermuthen nach keine in Gangränescenz begriffene Partie mehr im Abdomen sich befand. Mesenterium und Darmwand wurden mit den Wundrändern vernäht und dann die Wunde mit feuchter Gaze bedeckt. Bei dem Herausziehen war nur das zuführende Ende gefolgt, das abführende war fest mit der Bauchwand verklebt.

Wie schon erwähnt, hatten wir kaum die geringste Hoffnung auf einen günstigen Ausgang wegen der nach unserem Dafürhalten bestehenden Peritonitis; jedoch um nichts unversucht zu lassen, beschlossen wir die Anwendung hydrotherapeutischer Mittel, die im Wesentlichen bestanden in heissen Umschlägen auf den Leib, kalten auf Kopf und Nacken, kühlen (18°) Waschungen und feuchtwarmen Einpackungen der Unterschenkel. Zur Stillung des grossen Durstes diente schluckweise genossenes frisches Wasser.

14. April. Puls 80. Temperatur 37,2. Volles Bewusstsein. Leib noch sehr aufgetrieben und druckempfindlich.

15. April. Puls 120, sehr schwach; Temperatur 38,1. Leib noch sehr druckempfindlich, jedoch nicht mehr so aufgetrieben wie gestern. Fortwährendes Aufstossen. Aus der Darmöffnung läuft Koth, dessen Verhalten auf einen tiefen Sitz der Fistel schliessen lässt. Behandlung wie oben.

16. April. Puls klein, äusserst frequent. Temperatur 40,0. Delirien. Behandlung wird fortgesetzt.

17. April. Puls 100, etwas kräftiger. Befinden in jeder Beziehung besser.

20. April. Tympanites und Druckempfindlichkeit haben vollständig nachgelassen. Von der aussenliegenden Darmschlinge hat sich ein grosser Teil abgestossen. Aus dem vielfach verschlungenen, dem zuführenden Ende angehörigen Rest kommt dicker Koth von bräunlich-gelber Farbe.

27. April. Der nekrotisch gewordene rechte Hoden wird entfernt.

8. Mai. Patient läuft umher. Auf ein Klystier gehen geringe Massen von eiterähnlicher Consistenz und Farbe aus dem Mastdarm ab.

11. Mai. Abtragung des Darmconvolutes. Das abführende Ende hat sich ziemlich weit von dem Wundrand entfernt in die Bauchhöhle zurückgezogen. Anlegung der Dupuytren'schen Darmklemme.

16. Mai. Klemme ist abgefallen. In der Zwischenzeit geringes Fieber und unbedeutende Leibschmerzen.

20. Mai. Dupuytren wird von Neuem angelegt. Derselbe fällt nach 6 Tagen ab.

15. Juni. Abgang von 3 harten Kothballen aus dem Mastdarm. Da immer noch ein Septum zu fühlen ist, wird der Dupuytren nochmals angelegt.

21. Juni. Das Instrument ist abgefallen. Ein Septum ist nicht mehr zu fühlen.

25. Juni. Die Fistel ist ganz von Darmschleimhaut ausgekleidet. Die Faeces werden zum grössten Teil (mittelst Klystier) durch den Mastdarm entleert. Der Kräftezustand des Patienten bessert sich von Tag zu Tag.

28. Juli. Patient, der nicht die geringsten Beschwerden klagte — der fäculente Geruch genirte ihn und seine Umgebung nicht — war während der ganzen Zeit von Ende Juni an im Stande, seiner gewohnten Beschäftigung nachzugehen. Heute, bei einer stärkeren Erschütterung, prolabirten ca. 15 cm Darm. Reposition unmöglich.

3. August. Der Darm hat sich wieder bis auf ca. 5 cm zurückgezogen.

8. August. Da die Fistel nicht die geringste Tendenz zur Spontanheilung zeigt, und eine künstliche Vereinigung der Ränder wegen ihrer narbigen, straffen Umgebung nicht ausführbar erscheint, so beschlossen wir die Loslösung der Darmenden, Resection und Naht. Zunächst circumcidirten wir die Fistel und führten den Schnitt entlang dem oberen Rande des Lig. Poupart. weiter. Wegen den ausgedehnten Verwachsungen des Darmes mit der Bauchwand sahen wir uns genötigt, noch einen zweiten Schnitt in der Linea alba zu führen und ihn nach Durchtrennung des rechten M. rectus 1—2 cm über der Symphyse mit dem ersten Schnitt zu verbinden. Jetzt gelang es nach doppelter Unterbindung des Darmes und nochmaliger Ausspülung des zwischen den Ligaturen gelegenen Stückes — wir hatten nicht versäumt, bereits vor der Operation für genügende Entleerung und Ausspülung des Darmes Sorge zu tragen — den Darm frei zu bekommen. Von dem abführenden Stück wurde wenig, von dem zuführenden ca. 10 cm wegen narbiger Beschaffenheit der Wand resecirt, das betreffende Stück Mesenterium keilförmig excidirt und dann genäht, nachdem die blutenden Gefässe unterbunden waren. Nach der Naht des Mesenteriums folgte die Vereinigung der Darmenden mittelst Czerny'scher Etagennaht von dem Mesenterialansatz an beginnend. Nunmehr erfolgte die Wiedervereinigung des Rectus, des Peritoneums und der Haut durch tiefe und oberflächliche Näthe.

10. August. Geringes Fieber, unbedeutender Schmerz im ganzen Leibe.

12. August. Schmerz stärker. Heisse Kataplasmen und 22° Waschungen.

14. August. Schmerz hat nachgelassen.

17. August. Prima intentio mit Ausnahme der Stelle der Fistel, wo die Circumcision gemacht worden war. Nähte teilweise entfernt.

22. August. Patient isst und verdaut alles. Regelmässiger Stuhl. Sämtliche noch liegenden Nähte werden entfernt.

2. September. Befinden vortrefflich.

21. September. Stuhl täglich regelmässig. Feste Narbe, besonders an der Stelle der früheren Bruchpforte. Kräftezustand des Patienten wie vor der Erkrankung. Patient erfreut sich noch heute des besten Wohlseins. Die Narbe ist immer noch sehr straff und hat bis jetzt, also nach fast drei Jahren, ein Recidiv nicht entstehen lassen.

Ausser diesem werde ich meiner Arbeit noch folgende Fälle aus dem Aachener Krankenhause und der chirurgischen Klinik zu Jena, deren Überlassung ich der Güte des Herrn Hofrath Prof. Dr. Riedel verdanke, zu Grunde legen [1]).

---

1) Fall II—XVI entnehme ich der Arbeit des Herrn Dr. Theod. Wette: „Die Herniotomien im städtischen Hospital zu Aachen von Ostern 1883—1888."

Fall II

Hernia cruralis dextra. 68jährige Frau.
Die Hernie hatte schon früher längere Zeit bestanden
und war dann spontan zurückgegangen. 3 Tage vor der
Operation bemerkte Patientin wieder einen Knoten in derselben Gegend, der bis zum nächsten Morgen allmählich
grösser wurde; es trat Erbrechen ein, zuletzt von dünnen
kothigen Massen, was Patientin veranlasste, ärztliche
Hülfe aufzusuchen.

Status praesens: Guter Allgemeinzustand. Puls 70
Kothbrechen, Meteorismus. Ein kleinapfelgrosser Tumor
liegt sehr beweglich unterhalb des Poupart'schen Bandes.
Die Operation am 1. März 1883 legt einen Fettknollen
frei, der scharf abgeschnürt erscheint; daneben liegt ein
ziemlich wenig entwickelter Bruchsack, der gespalten
wird. Der Fettknollen scheint sich nach oben an den
Darm anzusetzen, wird als Appendix epiploicus aufgefasst
und reponirt (es wurde nachts bei sehr schlechter Be-
leuchtung operirt); es wurde angenommen, dass eventuell
die Abschnürung des Appendix epipl. durch Knickung
des weit hinabgezogenen Darmstückes die Incarcerations-
erscheinungen hervorgerufen hätte.

Da sich am nächsten Morgen herausstellt, dass das
Kotherbrechen angehalten habe bei sich verschlimmerndem
Allgemeinzustande der Patientin, wird eine grosse Incision in den Bauch gemacht von der Bruchpforte an;
der reponirte Fettklumpen wird zurückgezogen; nun findet sich oberhalb der Schnürfurche des Fettklumpens ein

zweiter Sack, der in der Nacht vorher für Darm gehalten wurde und sich jetzt als Bruchsack dokumentirt. Der Sack wird gespalten, und es zeigt sich, dass von ihm aus ein Fortsatz in den Fettklumpen hineingeht, der Darm enthält. Darm- und Bruchsackdivertikel waren an der Schnürfurche des Fettklumpens ebenfalls abgeschnürt, der Darm zudem durch blutig-fibrinöse Massen mit dem Bruchsacke verklebt. — Es handelte sich somit um die Enblocreposition eines in einem Bruchsackdivertikel steckenden Darmbruches. — Der Bruchsack wurde exstirpirt, der befreite Darm, weil Perforation zu befürchten war, an der erweiterten Bruchpforte liegen gelassen. Nach zwei Tagen trat Perforation ein, ein dünnes, gelb-flockiges, mit Serum gemischtes Sekret floss ab, augenscheinlich aus einem hoch gelegenen Darmstück stammend. Perforation trat ein am 5. März 1883.

16. März 1883. Patientin ist seit gestern rapid verfallen, sieht aus wie verhungert. Deshalb wird der Darm abgelöst und das fistulöse Stück exstirpirt, das zwei Fisteln enthält und nur für einen Bleistift durchgängig ist. Patientin stirbt 9 Stunden post operat.

Sektion ergiebt keine Spur von Peritonitis. Die 3 m unterhalb des Duodenum, 2,8 m oberhalb des Coecum befindliche Darmnaht hält. Patientin ist am Hungertode gestorben.

Fall III.

Hernia inguinal. dextra. Einklemmung seit 28 Stunden. 42jährige Frau. Puls sehr klein, kaum fühlbar; Bauch aufgetrieben. Schmerzen in der rechten Inguinalgegend. Die am 12. Juni 1883 vorgenommene Operation ergiebt in einem putriden Bruchsacke eine Darmschlinge, die mehrere weisse Flecke aufweist. Die putride Wundfläche wird mit Naphthalin bestreut; die Schlinge wird nach Erweiterung der Bruchpforte angeschnitten und ein dickes Rohr eingeführt, das weit über die Bruchpforte hinausgeht. Aus dem Rohre entleeren sich kolossale Mengen Kothes, so dass nach 2 Stunden der Bauch erheblich eingesunken ist; der Puls hebt sich allmählich.

13. Juni. Resektion des von Naphthalin zerfressenen Darmes, wobei sich die Schwierigkeit ergiebt, dass die abführende Schlinge (die gleich post perat. nicht hyperämisch war) dicht am Ansatz am Coecum resecirt werden muss, so dass dieselbe nur wenig über die Bruchpforte hinausragt und sich nicht weiter vorziehen lässt. Dadurch wird die elastische Ligatur unmöglich. Für das zuführende Rohr war sie zwecklos, da der ganze Darminhalt ausgelaufen war. Es wird nun zunächst das ganze Mesenterium abgebunden, das sich sofort ganz weiss verfärbt, also vollständig anämisch erscheint. Dann wird nach geringer Abtrennung des Mesenteriums, wobei trotz der weissen Farbe desselben eine erhebliche Blutung sich einstellt, die Darmschlinge resecirt. Die Naht macht wegen

der Kürze des abführenden Schenkels Schwierigkeiten;
es wird beim Nähen nur die Serosa gefasst. Um den
genähten Darm reponiren zu können, wird die Bruchpforte erweitert und dann der mit Jodoform bestreute
Darm reponirt.

16. Juni 1883. Dauernd gutes Allgemeinbefinden.
Puls 70, voll. Leib dünn und weich. Doch sind bis
dahin weder Faeces noch Flatus abgegangen. 17. Juni
Flatus. Vom 19. Juni an regelmässiger Stuhlgang. Patientin wird am 30. Juli geheilt entlassen.

Fall IV.

Hern. crural. dextra. Einklemmung seit 4 Tagen.
64jährige Frau. Die am 27. März 1883 abends unter-
nommene Operation ergiebt putriden Bruchsack und
gangränösen Darm. Ersterer wird abgetragen, der Darm
aussen fixirt. Am 28. März morgens Resektion im
Gesunden und Reposition des genähten Darmes. Am
1. April Perforation; es hat sich eine Kothfistel gebildet,
aus der sich sämtlicher Koth entleert; per rectum keine
Stuhlentleerung.

12. April. Seit mehreren Tagen zunehmende
Schwäche. Puls 120. (Herr Prof. Riedel war in den
Tagen verreist). Deswegen Spaltung der Bauchwunde und
Resection des Darmes. Die Ablösung des Darmes gelingt
sehr schwer, da sich eine erheblich verdickte Mesenterial-
wand entgegenstellt. Das Mesenterium ist vereitert; es
müssen 30 cm Darm resecirt werden, bis gesundes
Mesenterium erreicht ist. Die Obduktion der exstirpirten,

am 28. März genähten Darmschlinge ergiebt ein kleines
Loch, gerade am Mesenterialansatze; durch dieses war
Koth zwischen die beiden Mesenterialblätter gelangt und
hatte dort einen grossen Abscess hervorgerufen. Eine
zweite Perforation befand sich in der Nahtlinie nach
aussen, eine dritte 2 cm oberhalb der Nahtlinie in der
zuführenden Schlinge, ebenfalls nach aussen.

14. April. Erbrechen. 15. April. Kein Erbrechen
mehr, Puls und Allgemeinbefinden besser. Am Nach-
mittag desselben Tages stirbt Patientin plötzlich nach
Aufheben auf ein Steckbecken.

Die Sektion ergiebt, dass eine ca. 30 cm lange
verklebte Darmschlinge unter dem Verband liegt; diese
war wahrscheinlich schon längere Zeit vor dem Tode
herausgerutscht. Exsudative Peritonitis; Eiter im Mesenterium. Darmnaht hält.

Fall V.

Hernia inguin. dextra. 22jähriges Mädchen. An-
gewachsener Darmbruch besteht seit dem 15. Lebensjahre,
vergrösserte sich allmählich; Patientin hat niemals Bruchband getragen.

Vor 14 Tagen wandte sie sich an einen Arzt, der
Repositionsversuche machte. Im Anschluss daran bildete
sich eine Phlegmone mit Hautgangrän und darunter
liegendem Kothabscess. Es wird incidirt, die Wunde
gehörig desinficirt und nach 14 Tagen die Fistel durch
die Naht geschlossen. Die Heilung derselben erfolgte

in gewünschter Weise; Patientin wurde mit einem im Bruchsacke festverwachsenen Darm entlassen. ¼ Jahr später kam sie wieder, um von der lästigen Geschwulst in inguine befreit zu sein. Es wurde der ganze im Bruchsack liegende Darmabschnitt resecirt; Naht der gesunden Darmenden, Reposition.

Die Darmnaht heilte; leider bekam Patientin Erysipel, das sich gleichzeitig auf der Haut, wie auf dem Peritoneum ausbreitete. Sie starb einige Tage post operat. an Peritonitis, jedenfalls erysipelatöser Natur, bei geheilter Darmoperation.

Fall VI.

Hern. crural. sin. 39jähriges Mädchen. Haut über der Bruchgeschwulst ist entzündet. Die Entzündung soll schon 3—4 Tage bestehen. Patientin wurde auswärts zweimal punktirt.

Kleiner Puls, seit 3 Tagen Erbrechen.

Die Operation am 7. Mai 1888 ergiebt gangränösen Dickdarm mit grossem Sporn. Der Darm wird angeschnitten und ein Rohr in das zuführende Ende geführt, wodurch sich viel Koth entleert. Das Rohr bleibt ca. 6 Stunden liegen. Abends trockene Zunge, Puls besser.

8. Mai. Erbrechen hat aufgehört, Puls 112.

10. Juni. Sporn wird mit Dupuyten'scher Scheere gefasst, das Instrument wird 6 cm weit eingeführt.

15. Juni. Das Instrument wird entfernt; der Sporn ist kleiner geworden; der Darm hat sich retrahirt.

26. Juni. Darmscheere wird zum zweiten Male eingeführt, nachdem zuvor die Öffnung mit Pressschwamm erweitert ist.

3. Juli. Sporn wird mit der Krücke zurückgedrängt.

7. Juli. Sporn wird zum dritten Male mit der Scheere gefasst; in den letzten Tagen znweilen Kothentleerung per rectum.

11. Juli. Das Instrument fällt ab; aber es ist noch immer mit dem Finger ein Rest von Sporn zu fühlen. Derselbe wird deshalb nochmals mit der Scheere gefasst, welche nach 6 Tagen abfällt, wo von dem Sporn nichts mehr zu fühlen ist.

2. Oktober. Da die Fistel keine Tendenz zeigt, sich zu schliessen, und fast sämtlicher Koth sich durch den künstlichen After entleert, wird nach Loslösung des Darmes letzterer vernäht und versenkt.

11. Oktober. Erste Stuhlentleerung per rectum.

1. November. Wunde überhäutet; regelmässiger Stuhl. Geheilt entlassen.

Fall VII.

Hern. inguin. dext. Einklemmung seit 48 Stunden. 42jährige Frau. Ileus, aufgetriebener Bauch. Die Herniotomie am 6. Juni 1886 ergiebt in einem putriden Bruchsacke putrides Netz und partiell gangränösen Darm. Letzterer wird in der Wunde angenäht und incidirt; in das zuführende Ende wird ein Rohr geschoben; die Wundfläche wird mit Naphthalin bestreut.

26. Juni. Anlegung der Darmscheere an den grossen Sporn.

3. Juli. Entfernung der Darmscheere; da der tastende Finger aber noch einen erheblichen Rest von Sporn fühlt, wird die Scheere wieder eingeführt. Diese fällt nach 5 Tagen ab; der Sporn ist vollständig verschwunden.

10. August. Loslösung des Darmes, Darmnaht und Naht der angefrischten Hautwunde.

15. August. Erster Stuhl per rectum. Aussere Wunde geplatzt, heilt per granulat.

16. Oktober. Exstirpation der dicken Narbe mit nachfolgender Naht der Wunde.

23. Oktober. Letztere per pr. verheilt.

16. November. Geheilt entlassen.

Fall VIII.

Hern. crural. sin. Einklemmung seit 3 Tagen.

39jährige Frau. Kolossale Auftreibung des Bauches, Puls 120, sehr klein. Die Herniotomie am 25. December 1886 ergiebt eingeklemmten Darm, der an der inneren Schnürfurche an haselnussgrosser Stelle gangränös ist. Die Gangrän dokumentirt sich durch die charakteristische gelbliche Verfärbung des Darmes. Der Darm wird aussen fixirt und eröffnet, in das zuführende Ende wird ein Drainrohr eingeführt.

3. Januar 1887. Noch immer peritonitische Erscheinungen, grosse Schmerzhaftigkeit des Abdomens; Puls 120. Seit gestern wird kein Koth mehr entleert,

da sich eine Darmschlinge vor das zuführende Rohr gelegt hat; die Darmschlinge wird reponirt, das Rohr, das herausgefallen war, wird eingenäht.

7. Januar. Puls bedeutend besser.

4. Februar. Patientin hat sich gut erholt, alle Speisen werden gut vertragen. Dupuytren.

10. Februar. Instrument herausgefallen; Sporn verschwunden.

15. Februar. Fast sämmtlicher Koth entleert sich per rectum.

5. März. Vernähen der Darmwand; Darm ist gut durchgängig.

20. April. Heilung per grän. Exstirpation der wulstigen Hautnarbe.

30. April. Geheilt entlassen.

Fall IX.

Hern. crur. dextr. Einklemmung seit 5 Tagen. 50jährige Frau. Die am 27. Dezember 1887 gemachte Operation ergiebt eingeklemmten Darm, der an der inneren Schnürfurche gangränös ist. Die Darmschlinge wird hervorgezogen, in die Wunde eingenäht, ein Rohr in das zuführende Ende geführt. Nach 8 Tagen Anlegen des Dupuytren; Patientin ist abgemagert, Speisen gehen teilweise unverdaut ab. Die Scheere fällt nach 8 Tagen spontan heraus; da aber nach 10 Tagen noch immer eine kleine Spornbildung nachweisbar ist, wird die Scheere abermals eingeführt, die nun nach 6 Tagen ihren Zweck vollkommen erfüllt hat.

2*

3. Februar 1888. Da die Darmschleimhaut sich erheblich vorgewulstet hat, wird nach Loslösung des Darmes das der Wulstung entsprechende Darmstück resecirt. Die Resection wird in der Weise ausgeführt, dass nach Resection der halben Peripherie des Darmes mit der Naht begonnen wird.

15. März 1888 geheilt entlassen.

Fall X.

Hern. inguin. dextr. 27jähriger Bergmann. Seit 8 Tagen kein Stuhl, Erbrechen; seit zwei Tagen Ileus; kolossal aufgetriebener Bauch; sehr kleiner Puls. Phlegmone in der rechten Inguinalgegend. Die Operation am 6. August 1885 ergiebt Eiter im Bruchsack und eine eingeklemmte, sehr verdächtig aussehende Dünndarmschlinge. Letztere wird angeschnitten; Darm und Bruchsack werden mit der äusseren Haut vernäht; in das zuführende Ende wird ein Rohr eingenäht, aus dem mässige Mengen Koth abfliessen.

10. August. Der Leib ist, da der Koth bequem aus dem Darmrohr kommt, sehr zusammengefallen.

Allgemeinbefinden des Patienten bedeutend besser. Einmaliger Stuhl per rectum; starkes Eczem in der Umgebung der Wunde.

12. August. Versuch das Rohr wegzulassen misslingt; es tritt Kothretention und Tympanie ein.

25. August. Entfernung des Rohres, der Koth fliesst bequem aus der Fistel ab.

3. September. Digitaluntersuchung ergiebt einen weichen Sporn; deshalb Einführung des Dupuytren, der nach 7 Tagen abfällt.

2. Oktober. Nachdem inzwischen die Darmscheere noch einmal angelegt worden ist, wird heute, da vom Sporn nichts mehr zu fühlen ist, zur Darmnaht geschritten. Nach prophylaktischer Schliessung des Darmloches mit 2 Seidensuturen wird dieses umschnitten; der gelöste Darm zeigt grosse Neigung in die Tiefe zu sinken, wobei die fixirenden Seidensuturen gute Dienste leisten. Dann wird das ca. 1 markstückgrosse Darmloch vernäht, der mit Jodoform bestreute Darm versenkt, Hautwunde tamponirt.

24. Oktober. Geheilt entlassen.

Fall XI.

Hern. crural. dextr. Einklemmung seit 4 Tagen. 80jährige Frau. Leib sehr aufgetrieben; Erbrechen, Puls gut. Die Herniotomie am 21. Juni 1885 ergiebt mit dem Bruchsack verwachsenes Netz und eine an der Einschnürungsstelle gangränöse Darmschlinge. Nach Abtragung von Netz und Bruchsack wird der Darm aussen angenäht, incidirt, in das zuführende Ende wird ein Rohr eingeführt; Koth fliesst bequem ab.

23. Juni. Schenkelphlegmone; Collaps, minimaler Puls.

24. Juni. Exitus letal.

Fall XII.

Hern. crural. dextr. Einklemmung seit 5 Tagen. 62jährige Frau. Bauch kolossal aufgetrieben. Miserabler Puls. Die Operation am 19. Januar 1886 ergiebt ausser einem fibrinösen Exsudat im Bruchsack und einem serösen Exsudat zwischen den Bruchsacklamellen eine an erbsengrosser Stelle gangränöse Darmschlinge; die ganze Dicke der Wand ist perforirt. Der Darm wird aussen fixirt. Komplete Lähmung der Intestina, die auch nach Entleerung des Kothes in dicken Wülsten daliegen. Es entleert sich zunächst nur wenig, in der Nacht aber ziemlich viel Koth. 28. Januar. Leib blieb beständig weit aufgetrieben. Exitus letalis. Patientin ging an der schon bei der Aufnahme bestehenden Peritonitis zu Grunde.

Fall XIII.

Hern. crural. sinistr. Einklemmung seit 5 Tagen. 64jähriger Mann. Aufgetriebener Bauch. Puls 130. Die Operation am 26. Februar 1887 ergiebt eine kleine gangränöse Darmschlinge, aus der sich nach Incision und trotz Einführung eines Rohres kein Koth entleert. Peristaltik ist also gelähmt; trotzdem wird eingeführtes Wasser durch die Muskelwirkung stossweise, aber ohne Beimengung von Koth entleert, wie Wasser, das in die Blase gespritzt wird.

27. Februar. Morgens noch kein Koth abgeflossen; deshalb abermals Wasserinjektionen, die jetzt zum Ziele führen. Abends, bei gutem Abfluss Ileus. Puls klein und sehr frequent. 28. Februar. Ileus hört seit Mittag auf; subjectives Befinden bedeutend besser, Puls auf 90 zurückgegangen. Plötzlich um 3 Uhr Collaps mit rasch tödlichem Ausgang.

Sektion ergiebt Peritonitis septica; im Abdomen Koth; es zeigt sich an der fixirten Darmschlinge innerhalb des Abdomens eine gangränöse Stelle, die offenbar am 28. Februar perforirt war. Vielleicht auf Rohrdruck zurückzuführen.

Fall XIV.

Hern. crural. sin. Einklemmung seit 1½ Tagen.

68jährige Frau. Die Operation am 27. Febr. 1887 ergiebt einen eingeklemmten Darm, der an circumscripter Stelle völlig gangränös ist. Der stinkende Bruchsack wird exstirpirt, der Darm aussen festgenäht, incidirt, in das zuführende Ende ein Rohr eingenäht.

28. Februar. Darmschlingen zeichnen sich in dicken Wülsten unter den Bauchdecken ab.

29. Februar. Plötzlicher Exitus letalis.

Sektion ergiebt Atherom der Herzklappen; keine Spur von Peritonitis.

Fall XV.

Hern. inguin. sinistr. Einklemmung seit 20 Stunden.

49jähriger Mann. Es wurden auswärts Repositionsversuche gemacht. Der Darm verschwand, aber ohne
Gurren. Riedel wird am 17. Juli 1887 zugezogen und
findet Oedem des Scrotum und entzündliche Infiltration
der Bauchdecken; Bauch stark aufgetrieben. Die Incision
ergiebt einen jauchigen Abscess im Bruchsack und eine
mit Fibrin bedeckte Darmschlinge, die durch unvernünf-
tige Reposition gesprengt war. Die perforirte Stelle ist
erbsengross; die Darmschleimhaut ist nach aussen ge-
wulstet. Der Darm wird aussen angenäht; in das zu-
zuführende Ende ein Rohr eingeführt.

19. Juli. Peritonitis, weil augenscheinlich bei der
Reposition Darminhalt in die Bauchhöhle gedrückt wurde.

20. Juli. Exitus letalis.

Fall XVI.

Hern. umbilic. Einklemmung seit 4 Tagen.

60jährige Frau. Die Operation am 1. Juni 1884
ergiebt gangränösen Bruchsack und eingeklemmten Dickdarm, der zum grossen Teil gangränös ist. Nach Abtragung alles Gangränösen wird ein Rohr in die zuführende Schlinge geführt. In den ersten Tagen sehr guter
Verlauf; dann tritt Erysipel auf, das am 10. Tage den
Tod herbeiführte.

Fall XVII.

Hernia. inguin. dextra.

18jähriger Fuhrmann von kräftigem Körperbau.
Aufnahme den 30. Oktober 1889. Patient hat seit seiner
Kindheit an einem rechtsseitigen Leistenbruch gelitten
und bis zum 10. Jahr Bruchband getragen. Von dieser
Zeit an war Pat. von seinem Leiden befreit, bis vor
8 Tagen der Bruch wieder zum Vorschein kam, jedoch
leicht reponirt werden konnte. Vor 12 Stunden ereignete
sich dasselbe. Erbrechen. Vergebliche Repositionsversuche. Stat. pr. Heftige Schmerzen. Erbrechen. Rechte
Scrotalhälfte ist in einen 2 fäustegrossen, prall gespannten
Tumor mit tympanitischem Klang verwandelt. Puls 100.
Operation: Nach Dilatation der äusseren Bruchpforte
wird der Bruchsack eröffnet; aus ihm ergiesst sich eine
blutige, bräunliche Flüssigkeit. Die vorliegende, 30 cm
lange Darmschlinge zeigt ein tiefblau-rötliches Aussehen; eine kleine Incision lässt kein Blut austreten.
Thrombose der Mesenterialgefässe. Die Schlinge wird,
bis vollständig intakte Darmpartien erscheinen, hervorgezogen, fixirt und in der Mitte gespalten. Es erfolgt
weder Blutung noch Kothentleerung. Die Wunde wird
tamponirt und die Schlinge mit Jodoformgaze bedeckt.

31. Oktober. Puls 100, Temperatur 37,2. Abdomen
nicht aufgetrieben, mässig druckempfindlich. Keine
Kothentleerung, nur Schleim.

1. November. Puls 110, Temperatur 37,3. Abdomen
etwas aufgetrieben, sonst Stat. id. Die Passage wird in
Narkose geprüft und vollständig frei befunden. Der

aussen liegende Darm, ca. 40 cm, wird abgeschnitten und die beiden Enden in ihrer Wand aneinander fixirt.

3. November. Puls 100, Temperatur 37,3; breiiger, braunroter Stuhl.

6. und 7. November. Puls $^{90}/_{100}$, Temperatur $^{35,0}/_{36,0}$ verfallenes Aussehen. Ileus. Entfernung einer beträchtlichen Menge Kothes durch die Magensonde. Kein Hinderniss an der Bruchpforte.

8. November. Kothentleerung durch die Fistel. Kein Erbrechen mehr. Puls 80. Temperatur 36,8. Dauerndes Wohlbefinden bis 26. November. Nach gründlicher Entleerung wird die Dupuytren'sche Klemme angelegt, die am 2. Dezember abfällt.

5. Dezember. Stuhl per anum.

10. Dezember. Der Sporn ist beseitigt. Da jedoch die Fistel nur geringe Tendenz zum Kleinerwerden zeigt, so wird unter Eröffnung des Peritoneums die Fistel circumcidirt und der Darm freigelegt. Nach Abtragung eines vorliegenden Schleimhautwulstes erfolgt die Naht in longitudinaler Richtung.

Reactionsloser Verlauf. In den ersten 8 Tagen bekommt Patient 2 mal täglich 10 Tropfen Tinct. Opii. s. und flüssige Nahrung.

16. Dezember. Erster Stuhl.

8. Januar 1890. Patient geheilt entlassen. Gute, feste Narbe. Bruchband.

27. Februar. Geringe Hervortreibung der noch festen Narbe. Bruchband.

Fall XVIII.

Hern. inguin. dextr. (Gangränöser Darmwandbruch).

50jähriger Mann. Am dritten Tage einer Influenza-
erkrankung, die mit Husten einhergegangen war, bekam
Patient ganz plötzlich eintretenden Schmerz rechts unten
im Leib und Übelsein. Im Laufe des Tages trat 2 mal
Erbrechen und 5 mal Stuhlgang ein. Patient entdeckte
schliesslich einen Knoten in der rechten Schenkelbeuge
und legte sich zu Bett. Im Liegen besserte sich das
Befinden, es erfolgte sogar nachts Schlaf. Am Morgen
war der Knoten vergrössert, und Erbrechen und Stuhlgang stellten sich wieder ein. Nachmittags wurden von
dem erst jetzt zu Rate gezogenen Arzte Repositionsversuche gemacht, und wegen des Misslingens derselben
Patient der Klinik überwiesen.

Stat. pr. am 11. Januar 1893. Puls 72. Leib weich,
nicht aufgetrieben. Hühnereigrosser, prall elastischer Schen-
kelbruch, der im Allgemeinen mässig, nur nach der Bruchpforte zu stärker empfindlich war. Die Diagnose wurde
auf entzündeten Bruchsack gestellt und deshalb sofort
zur Herniotomie geschritten. Nach Spaltung des zwerch-
sackförmigen Bruchsackes präsentirt sich ein Stück matt-
glänzender, tiefblauroter Darmoberfläche. Der Schnitt hat
die Bruchpforte vollkommen freigelegt; irgend welche
Faltung des vorliegenden Darmstückes nach der Pforte
hin ist nicht sichtbar. Dasselbe zeigt überall glatte
Oberfläche, beträchtliche Spannung und lässt sich weder
weiter vorziehen, noch reponieren. Nach Incision der
Bruchpforte und erfolgter Hervorziehung des Darmes

zeigt es sich, dass es sich um einen eingeklemmten Darmwandbruch handelt. Die tiefblaurote Färbung und der
Umstand, dass vorgenommene Stichelungen keine Blutung
bewirkten, ferner das graugelbe Aussehen einer Stelle
der Schnürfurche liessen die abgeklemmte Partie als der
Gangrän verfallen erscheinen.

Da der innenliegende Darm noch keine Stauung
erlitten hatte, völlig leer war und Peristaltik zeigte, so
wurde die Primärresektion als ein in diesem Falle relativ
sicheres und am raschesten zum Ziele führendes Verfahren gewählt. Vielfaches Pressen hatte noch eine
weitere Partie Darm hervorgedrängt; da sich dieselbe
nicht reponieren liess, wurde die ganze vorliegende
Schlinge reseciert (ca. 12 cm), sodann erfolgte Vereinigung der Enden durch 2 Nahtreihen, Jodoformierung,
Reposition, Abstechen des Bruchsackes und Naht der
Bruchpforte und der Hautwunde. — Drainage, Verband.
Verlauf völlig reaktionslos. Erster Stuhlgang am
19. Januar 1893. Am 22. Februar 1893 wird Patient
geheilt entlassen.

Bevor ich auf die Behandlung der gangränösen Brüche zu sprechen komme, sei es mir gestattet, hinsichtlich der Prophylaxe einiges zu bemerken. Es könnte meiner Ansicht nach oft die Gangränescenz des Bruches vermieden werden, wenn die Ärzte gegebenenfalls sofort zur Operation sich entschliessen könnten, anstatt wie dies in Fall I. V. XV. XVII., und vielen anderen, die mir bei Durchsicht der einschlägigen Litteratur in die Hände kamen, geschehen ist, mit Repositionsversuchen nicht allein den günstigen Moment zu versäumen, sondern die Gangrän erst recht zu beschleunigen. In Fall XV. waren diese Versuche mit so unvernünftiger Gewalt gemacht worden, dass man bei der später vorgenommenen Herniotomie den Darm zerrissen fand. Sind Einklemmungserscheinungen, d. h. nicht nur Schmerzen im Bruchsack, sondern ausserdem auch Erbrechen, fortwährendes Aufstossen, Fieber und vor Allem kleiner, frequenter Puls, vorhanden, so soll man sofort herniotomiren; denn 1. muss man, auch wenn es gelingen sollte, durch Taxis den Bruch zurückzubringen, immer noch befürchten, die Incarceration damit noch nicht beseitigt (Reposition en bloc) und den Zustand infolgedessen nur

verschlimmert zu haben, und 2. ist bei aseptischem
Verfahren die Gefahr einer Herniotomie, bei der man es
mit einem noch repositionsfähigen Darm zu thun bekommt,
sehr gering und gar nicht zu vergleichen mit der, welche
die Gangrän des Bruches mit sich bringt. Von 41 Fällen
der Göttinger Klinik¹) aus den Jahren 1884—1888, in
denen noch keine Gangrän eingetreten war, starben 5
und von diesen nur 2 an Peritonitis. Dieselbe rührte
in dem einen Falle her von einer erst später vom Netz
ausgehenden Eiterung, in dem anderen von der noch
nachträglich partiell gangränös gewordenen zurückge-
schobenen Darmschlinge. Von den drei übrigen war der
eine bereits halbtod zur Operation gekommen und starb
ebenso wie der zweite, ein 81jähriger Greis, an Erschöpfung, der dritte ging an Pneumonie zu Grunde.
In diesen 41 Fällen kann also von einer durch die
Herniotomie hervorgerufenen Peritonitis überhaupt nicht
die Rede sein. Von den von Wette veröffentlichten
104 Fällen Riedel's aus dem Aachener Hospital mit nicht
gangränösem Bruchinhalt starben 3, und auch diese nicht
direkt infolge der Operation. Ein Patient starb infolge
Kothaspiration, der zweite an Erysipel, der dritte an
einem aus unbekannter Ursache auftretenden Ileus.

Man sollte meinen, derartige Statistiken müssten
selbst den zaghaftesten Arzt zur sofortigen Vornahme
der Herniotomie ermuthigen; doch scheuen sich immer
noch viele davor, sich entschuldigend teils mit dem
Mangel an Übung, teils mit der Ungunst der äusse-

1) König, Lehrbuch.

ren Verhältnisse, unter denen sie in den meisten Fällen genötigt sind, zu operiren.

Dass derartige Einwendungen heutzutage hinfällig sind, liegt auf der Hand; denn gerade so wenig wie die Unterlassung einer geburtshülflichen Operation sind sie im Stande die Unterlassung der Herniotomie zu rechtfertigen. Die Herniotomie muss eben jeder Arzt ausführen können; in der Lage, seine Hände, Instrumente und das Operationsfeld desinfiziren zu können, wird er in jedem Falle sein, und mehr braucht nicht aseptisch zu sein, da ja eine Übertragung von Entzündungserregern durch die Luft kaum stattfindet, wie durch übrigens nicht sehr neue bakteriologische Untersuchungen festgestellt ist.

Was die Behandlung der gangränösen Hernien anbelangt, so kommen 2 Verfahren in Frage: 1. Anlegung eines künstlichen Afters mit späterer Beseitigung desselben und 2. primäre Darmresection mit sofort nachfolgender Vereinigung der Enden.

In der vorantiseptischen Zeit konnte nur von der ersten Art der Behandlung die Rede sein. Das zweite Verfahren wandte zum ersten Male Czerny im Jahre 1876 im Vertrauen auf die Sicherheit der Antiseptik und zwar gleich mit glücklichem Erfolge an. Infolge dessen verliess eine grössere Anzahl von Chirurgen die alte Methode und übte die neue zumal man hierbei den Unannehmlichkeiten des künstlichen Afters aus dem

Wege ging. Abgesehen davon sprachen auch Tierversuche zu Gunsten der Primärresektion gegenüber der Anlegung eines Anus praeternaturalis (C. Beck, Archiv für klin. Chirurgie, Bd. XXV). Einige Autoren hatten günstigere Resultate gegen früher zu verzeichnen und empfehlen noch heute das zweite Verfahren (Mikulicz, Hagedorn, Kocher), ausgenommen in desolaten Fällen, die Mehrzahl jedoch ist wieder zur Anlegung des künstlichen Afters zurückgekehrt und beschränkt die Anwendung der Primärresektion auf Hernien mit ganz circumscripter Gangrän (Fall XVIII). Selbst in der Czerny-schen Klinik ist wieder das alte Verfahren mit wenigen Ausnahmen üblich. In den Jahren 1877—1888 wurden 4 Primärresektionen gemacht, trotzdem bei 15 Herniotomierten gangränöser Darm gefunden wurde.

Jeder Chirurg wird diejenige Methode wählen, welche seiner Ansicht nach einerseits die geringsten Gefahren für den Kranken unabhängig von dem schon bestehenden Leiden mit sich bringt, andererseits am sichersten im Stande ist, die Gefahren, die durch die Incarceration entstanden sind, zu beseitigen. Die letzteren drohen hauptsächlich von dem intraperitoneal gelegenen zuführenden Rohre und bestehen[1)]

1. in Kothstauung und Lähmung der Darm-musculatur bez. der Nerven,

2. in Circulationsstörungen, welche Oedem, entzündliche Infiltration und Nekrose verursachen,

3. in profuser Secretion, einhergehend mit der

---

1) Mikulicz, Berl. klin. Wochenschrift 1892.

Bildung von Toxinen, die septische Intoxication hervor-
rufen können,

4. in der leichten Durchgängigkeit der ödematösen
Darmwand für pathogene Bakterien und der möglicher-
weise daraus resultirenden septischen Peritonitis und

5. in der eventuellen Erkrankung anderer Organe,
besonders der Lungen. (Auf diese Möglichkeit werde
ich nicht weiter eingehen, da sie wohl schwerlich durch
das eine Verfahren besser vermieden werden kann als
durch das andere, und beschränke mich auf den Hinweis
auf die Arbeiten v. Pietrzikowsky (deutsche Gesellschaft
für Chirurgie XVIII) und Fischer und Levy (deutsche
Zeitschr. f. Chir. XXXII).

Eine Gefahr, die das alte Verfahren allein in sich birgt,
ist bei hohem Sitz des künstlichen Afters die Inanition,
die naturgemäss bei einem durch so schwere Erkrankung,
vielleicht im Besonderen durch die oben erwähnte
septische Intoxication, geschwächten Individuum rascher
eintreten muss, als bei einem sonst gesunden, und an der,
wie die Statistiken lehren, viel Patienten zu Grunde
gegangen sind. Mit der neuen gemeinsam hat die alte
Methode, abgesehen von den Fällen, in denen die entgültige
Heilung mit dem Dupuytren'schen Enterotom gelingt,
die Gefahr der Infektion des Peritoneums, die jeder
Eingriff in das Abdomen mit sich bringt. Indess spricht
der Umstand zu Gunsten der Sekundärresection, dass sie
gestattet, in einem relativ gesunden Peritoneum zu operiren, während man bei der primären ein bereits alterirtes,
leichter entzündliches vor sich hat.

3

Hinsichtlich der Sicherheit, mit welcher die beiden Verfahren die durch die Einklemmung bedingten Gefahren beseitigen lassen, muss zunächst zu Ungunsten der Primärresektion gesagt werden, dass die Möglichkeit einer vollständigen Entleerung des zuführenden paretischen Rohres, wie sie die nachherige Naht erheischt, in so kurzer Zeit mindestens stark zu bezweifeln ist. Kocher (Correspondenzbl. f. Schweizer Ärzte 1886) und Mikulicz behaupten allerdings, den Darm sofort genügend entleeren zu können, doch wird dies von Riedel (Deutsche med. Wochenschr. 1886) bestritten. Nach Riedel genügen Ausspülungen allein nicht, um den Darminhalt zu entfernen; diesen könne nur der Wiedereintritt der Peristaltik vorwärts treiben, welcher indess mindestens 12—24 Stunden auf sich warten lasse. Vereinigt man noch nicht vollständig entleerten Darm durch die Naht, so werden an diese durch den Druck der einstürzenden Kothmassen Anforderungen gestellt, denen sie oft nicht gewachsen ist, und ausserdem die Gefahr der secundären Gangrän bedeutend erhöht.

Was die durch die Circulationsstörungen bedingten Gefahren betrifft, so bietet auch zur Abwendung dieser die Anlegung eines künstlichen Afters mehr Vortheile als die primäre Naht. Da nur die im vollkommen gesunden Darm angelegte Nath erfolgversprechend sein kann, so muss das einzuschlagende Verfahren alles Kranke sicher entfernen lassen. Die meisten Fachmänner aber sind sich darüber einig, dass es stets sehr schwer, in den meisten Fällen ganz unmöglich ist, die Grenzen der Circulationsstörung gleich nach Aufhebung

der Incarceration zu erkennen. Riedel sagt: „Etwas
anders sieht die zuführende Darmschlinge gewöhnlich
aus, wer will sagen, ob sie zur Naht geeignet sei
oder nicht; je mehr ich wenigstens gesehen, desto un-
sicherer bin ich geworden. Viele Operirte sind daran zu
Grunde gegangen, weil man den Zustand ihres Darmes
nicht genau beurteilen konnte."
Wird die Naht im ödematösen, entzündlich infiltrirten
Darm angelegt, so reissen fast in jedem Falle die Stich-
kanäle und es erfolgt Kothaustritt mit nachfolgender
Peritonitis, im günstigsten Falle Entstehung eines Anus
praeternaturalis, was sich oft genug ereignet hat. Von
den 32 von Bergmann zusammengestellten mit Primärresektion behandelten Fällen wurde 13 das Leben gerettet;
von diesen bekamen 7, also über die Hälfte, wegen
Nichthaltens der Naht einen Anus praeternaturalis.
     Die infolge Durchsetzung der Darmwand mit patho-
genen Bakterien drohende Peritonitis will Mikulicz am
besten dadurch vermeiden, dass er „normale Verhältnisse"
schafft, wodurch die Widerstandskraft des Peritoneums
erhöht werde. Nicht ungerechtfertigt dürfte indess auf der
anderen Seite die Annahme erscheinen, dass man gerade
durch die Resektion und die Naht infolge der dabei
unvermeidlichen Manipulationen jenen Durchtritt der
Bakterien und die Empfänglichkeit des Bauchfelles für
dieselben steigert.
     Anders verhält es sich bei der alten Methode.
Hier kann man mit der eventuell zur Beseitigung der
Kothfistel nöthigen Resektion und Naht warten, bis
vollständige Entleerung des Darmes eingetreten ist und

die Grenze der Lebensfähigkeit deutlich sich markiert
hat. Oft wird man die nochmalige Eröffnung des Peritoneums überhaupt nicht nöthig haben und mit rein
exspectativen Verhalten auskommen.

Aus diesen Gründen empfehlen die meisten
Chirurgen die Anlegung des Anus praeternaturalis. Ich
nenne ausser Riedel Bergmann (Deutsche med. Wochenschrift 1883), Angerer (Münchner med. Wochenschr. 1887),
Reichel (Deutsche Zeitschr. f. Chirurgie 1883), Heinecke
(Sartorius, Dissertation, Erlangen) und Kosinsky (Central-
blatt f. Chir. 1886). Bergmann führt übrigens noch
folgenden Einwand gegen die Primärresektion ins Feld.
Er hält eine ausreichende Antiseptik für unausführbar,
weil die Möglichkeit einer Infektion von der häufig schon
in Zersetzung begriffenen Umgebung der Wunde aus
gegeben, und eine ausgiebige Anwendung von Desin-
ficientien am Darm und am Peritoneum wegen der damit
verbundenen Intoxicationsgefahr unstatthaft sei.

Fast alle Statistiken sprechen zu Gunsten der Anlegung eines künstlichen Afters. Von unseren 16 in
dieser Weise behandelten Fällen wurden 9 vollkommen
geheilt (auch Fall V ist als Heilung aufzufassen, da die
zweite Operation nicht wegen gangränöser Hernie gemacht
wurde). Von den übrigen 7 starben 5 an bereits bei
der Aufnahme bestehender Peritonitis, plötzlichem Collaps
bei vorhandenem Atherom der Herzklappen und Erysipel
kurz nach der Operation, sind also dieser nicht zur Last
zu legen. Dagegen kann in Fall II. in dem der Patient

12 Tage nach dem Zustandekommen der Perforation an
Inanition starb), und in Fall XIII, in dem der Tod
vielleicht infolge einer durch das eingelegte Drainrohr
bewirkten Gangrän eintrat, das Verfahren die Schuld tragen.
Fall IV, bei dem primäre Resektion stattgefunden hatte,
ging, weil die Naht nur in scheinbar in gesundem Darm
angelegt war, an secundärer Gangrän zu Grunde. Vielleicht
hätte hier die Anlegung einer Kothfistel Rettung gebracht.
In Fall XVIII wurde die Primärresektion unter sehr günstigen Verhältnissen ausgeführt und Patient vollständig
geheilt. Von den 32 Bergmannschen primär Resecirten
starben 19 bald nach der Operation. Bei den 13 wieder
Genesenen sind, wie bereits erwähnt, 7 Misserfolge zu
verzeichnen, in denen die Naht nicht gehalten, und der
Koth sich zum Glück der Kranken durch die Wunde
nach aussen ergossen hatte. Also stehen hier 26 Misserfolge 6 Erfolgen gegenüber, gewiss ein sehr trauriges
Ergebniss.

Die Mortalität der zur Beseitigung des Anus
practernaturalis vorgenommenen Darmresektion stellen
Reichel und Haenel fest. Ersterer berechnet aus einer
Statistik von 37 Fällen eine Sterblichkeitsziffer von 37,8%,
Haenel (Arch. f. klin. Chir. XXXVI) findet bei 43
Secundärresektionen 25 Heilungen, 2 bleibende Fisteln,
16 Todesfälle, also eine Mortalität von 37,2 %; dagegen
stellt er bei 16 Primärresektionen 6 Heilungen und 10
(= 62,5 %) Todesfälle fest.

Diesen gegenüber stehen die Statistiken von Hahn
(Cohn, Berl. klin. Wochenschr. 1889) und von Mikulicz,
jedoch meiner Ansicht nach nur scheinbar.

In 5 Fällen wurde im Friedrichshain Primärresektion ausgeführt, und 2 mal Heilung erzielt; 2 Patienten starben an Peritonitis, 1 an Pneumonie, doch hatte hier die Naht nicht gehalten. Da an einem Fall von Peritonitis nicht das Verfahren schuld ist, so stehen 2 Erfolge 2 Misserfolgen gegenüber. Bei 26 gangränösen Brüchen erfolgte die Anlegung eines künstlichen Afters; von diesen starben 6, die nach Angabe Cohns auf keine Weise hätten gerettet werden können, in den ersten Tagen nach der Operation, 8 gingen in späterer Zeit bis zum 24. Tage an Erschöpfung zu Grunde, 5 an Peritonitis und 1 an Lungengangrän. Hieraus ergiebt sich ein Procentsatz an Todten von $76,5 \%$; allein bringt man die 6 Fälle, in denen der Tod bald nach der Operation eintrat, und den einen an Lungengangrän verstorbenen in Abrechnung, so erhält man eine Mortalitätsziffer von $68,4 \%$. Nimmt man ferner an, dass von den 8 Fällen, die 12—24 Tage nach Anlegung des An. praet. an Inanition starben, 4 hätten gerettet werden können, wäre man nur frühzeitig zur secundären Naht geschritten, so sinkt jene Ziffer auf $47,5 \%$.

Mikulicz vergleicht die Erfahrungen von Anhängern des alten Verfahrens mit denen von Vertretern des neuen gesammelten und findet, dass Czerny, Riedel, Hahn und Poulsen unter 90 Fällen 63 Todte ($= 70 \%$) und Kocher, Hagedorn und Mikulicz in 78 Fällen 45 ($= 57 \%$) hatten. Ausser den bereits erwähnten 8 Fällen Hahns starben von den 31 Fällen Poulsens (Centralbl. f. Chir. 32), die mit An. praetern. behandelt worden waren, 14 geraume Zeit (5—14 Tage) post operationem an Inanition. Nimmt man auch hier an, dass von diesen 22 die Hälfte durch eine frühzeitige Secundärresektion hätte gerettet werden können, so stellt sich hier die Mortalitätsziffer für das alte Verfahren ebenfalls auf 57 %.

Um die immerhin auf beiden Seiten schlechten Resultate günstiger zu gestalten sind verschiedene Vorschläge gemacht worden:

Mikulicz rät die Spaltung des incarcerierenden Ringes von der Bauchhöhle aus, um die Gefahr des Reissens der Schlinge und des Kothaustritts in die Bauchhöhle zu vermeiden; er legt ausserdem grossen Wert darauf, dass nach der primär vorgenommenen Resektion nicht gleich das Abdomen geschlossen wird, sondern die Nahtstelle an die Wunde angelegt, und letztere mit Jodoformgazetampons ausgestopft wird; auf die Weise soll dem eventuell austretenden Koth der Weg nach aussen gegeben sein.

Hahn [1]) (Berl. klin. Wochenschrift 1888) verfährt folgendermassen:

Nachdem der Darm hervorgezogen ist, wird im Gesunden doppelt unterbunden und das Brandige reseciert. Die Darmlumina werden mit Jodoformgaze verstopft. Jetzt wird eine Laparotomie gemacht. Schnitt beginnt unterhalb des Nabels und hat eine Länge von 6—8 cm. Aus dieser neuen Wunde werden die Darm-

---

1) Hahn hat sich infolge seiner schlechten Erfahrungen zu dieser Modifikation der Primäresection entschlossen.

enden hervorgeleitet, die Wunde in der Bruchgegend
wird desinfiziert und gegen die Bauchhöhle mit Tam-
pon's abgeschlossen. Nach genauer Besichtigung des
Darmes wird die Naht angelegt, die Nahtstelle mit Jodo-
formgazestreifen umgeben und der Darm mittelst derselben in der Gegend der Bauchwunde befestigt.
Die Enden des Streifens werden durch die Bauchwunde geleitet, so dass die Darmschlinge auf dem Strei-
fen gleichsam reitet. Schliesslich erfolgt Ausstopfen der
Wunde mit Gaze und Vereinigung der Haut durch oberflächliche Nähte. Diese Methode soll eine bessere Kon-
trolle des Darmes ermöglichen und ausserdem die Resektion und die Naht erleichtern. Sie ist bis jetzt in
nur wenigen Fällen angewandt worden, und infolgedessen
ist ein begründetes Urteil über ihre Zweckmässigkeit
noch nicht möglich.

Mikulicz erscheint sie zu kompliziert und die Gefahr der Infection des Peritoneums erhöhend; ferner
befürchtet er infolge der Jodoformgazeumhüllung unab-
sehbare Verwachsungen im Bauchfell, sehr geeignet,
einen erneuten Darmverschluss herbeizuführen.

Bouilly (Revue de Chir. 1882) empfiehlt eine „Methode
mixte". Der Darm wird vernäht, jedoch eine Lücke
offengelassen und die Schlinge in der Wunde fixiert.
Vorausgesetzt, dass die Naht hält, bietet dies Verfahren
günstige Chancen für eine spätere Spontanheilung der
Fistel.

Helferich (Arch. für klin. Chir. XLI) legt einen
regelrechten An. praetern. an, nachdem zuvor im intraperitonealen Teile der Enden eine Enteroanastomose

gebildet worden ist. Sein Bestreben geht dahin, dem Darminhalt einen doppelten Weg zu schaffen. Die spätere Beseitigung des An. pr. soll dadurch wesentlich erleichtert werden.

Riedel verfährt folgendermassen: Nach Spaltung, zuerst der Bruchpforte, sodann des Bruchsacks wird dieser, wenn er sich putrid zeigt, um das Operationsfeld zu säubern, exstirpiert, die Bruchpforte nach oben erweitert, der Darm hervorgezogen, mittelst einer durch den Mesenterialansatz gezogenen Seidenschlinge am Oberschenkel befestigt und nach gründlicher Reinigung mit Jodoform bestreut. Um den Kothabfluss zu erleichtern, wird in das zuführende Rohr ein Gummischlauch eingeführt. Dieser bleibt solange liegen, bis man annehmen kann, dass sich der Darm genügend entleert und eine deutliche Demarkation stattgefunden hat, was nach Riedel im Allgemeinen nicht unter 24 Stunden der Fall sein dürfte. Dann wird alles Kranke resecirt; entweder werden nun die Darmenden sofort vereinigt, oder man schlägt, wenn man nicht Grund hat, einen hohen Sitz der Fistel anzunehmen, das alte abwartende Verfahren ein. In diesem Falle vernäht man die beiden Rohre mit der Haut und den angrenzenden Bindegewebspartien und schreitet, wenn die Fistel keine Tendenz zeigt, sich spontan zu schliessen, zur Anwendung des Dupuytren-schen Enterotoms. Verwächst die Fistel auch nach Abklemmung des Spornes nicht, so erfolgt die secundäre Naht mit oder ohne Resektion, je nach der Individualität des Falles. Ob die Fistel hoch oder tief sitzt, erkennt man an der Beschaffenheit des ausfliessenden Darminhaltes oder, wenn dieser einen Aufschluss zu geben nicht geeignet ist, an der Zeit, in welcher eingenommene Nahrung den Körper wieder verlässt, oder drittens, an dem Kräftezustande des Patienten.

Das Verfahren von Riedel entspricht am meisten den oben gestellten Anforderungen; es bietet erstens eine möglichst sichere Garantie dafür, dass die durch die Einklemmung verursachten Gefahren beseitigt werden und zweitens vermeidet es die Gefahr der Inanition, an der so viele Kranke, wie wir gesehen haben, zu Grunde gegangen sind.

Das Dupuytrensche Enterotom verdient in entsprechenden Fällen Anwendung wegen seiner Ungefährlichkeit gegenüber dem intraperitonealen Eingriff. Führt es nicht zum Ziele, dann ist immer noch Zeit zur Resektion. Die Statistik lautet sehr günstig. Heimann (Deutsche med. Wochenschr. 1883) fand unter 83 Fällen 50 mal vollkommene Heilung, 26 mal Zurückbleiben von kleineren Fisteln und 7 Todesfälle. Koerte stellt 111 Fälle mit 70 vollständigen Heilungen und 11 Todesfällen auf.